Kavitha Bangalore Murthy
Asha D.
Pavithra R.S.

Propagação de alto volume de D.brandisii kurz usando segmentos nodais

Kavitha Bangalore Murthy
Asha D.
Pavithra R.S.

Propagação de alto volume de D.brandisii kurz usando segmentos nodais

ScienciaScripts

Imprint

Cover image: www.ingimage.com

This book is a translation from the original published under ISBN 978-3-659-86546-6.

Publisher:
Sciencia Scripts
is a trademark of
Dodo Books Indian Ocean Ltd. and OmniScriptum S.R.L publishing group

120 High Road, East Finchley, London, N2 9ED, United Kingdom
Str. Armeneasca 28/1, office 1, Chisinau MD-2012, Republic of Moldova, Europe
Managing Directors: Ieva Konstantinova, Victoria Ursu
info@omniscriptum.com

Printed at: see last page
ISBN: 978-620-8-53869-9

ÍNDICE

Dedicado aos meus pais

Saroja, N. B, Murthy, K. G.

I. INTRODUÇÃO

O bambu é uma planta lenhosa semelhante a uma árvore, de crescimento rápido, de rotação curta e polivalente, com importância económica, ecológica, social e industrial. O nome Bambu é um termo vernáculo para mais de 75 géneros e 1250 espécies da família Graminae e da subfamília Bambusoideae em todo o mundo. A Índia é o segundo país em recursos genéticos de bambu, a seguir à China. A Índia possui 125 espécies em 23 géneros.

Os bambus têm utilizações versáteis como material de construção, recurso de pasta de papel, andaimes, alimentos, utensílios agrícolas, canas de pesca, material de tecelagem e substituto para o fabrico de rotim, contraplacado e painéis de partículas. Os rebentos de bambu em conserva ou estufados são considerados iguarias em muitas partes do país. O principal utilizador de bambu na Índia é a indústria do papel, que consome uma proporção considerável da produção anual total de bambu. Os bambus são bons aglutinantes do solo devido à sua peculiar formação de tufos e ao seu sistema radicular fibroso, pelo que desempenham também um papel importante na conservação do solo e da água. Este recurso natural desempenha um papel importante na subsistência das populações rurais e na indústria rural.

O mercado mundial do bambu está estimado em 10 mil milhões de dólares americanos, que serão 20 mil milhões de dólares em 2015. O comércio internacional de bambu ascende a cerca de 2,5 milhões de dólares (INBAR, 2005). Na Índia, o mercado interno do bambu é de 2043 crores, podendo aumentar para 2600 crores até 2015. A procura de bambu está estimada em 26,6 milhões de toneladas e a oferta é de apenas 13,47 milhões de toneladas/ano (Anonymous, 2003). As novas utilizações do bambu, nomeadamente como substituto da madeira, o sector da habitação e os produtos de valor acrescentado aumentarão ainda mais a procura de bambu (Pandey, 2008). Atualmente, a Índia importa anualmente madeira no valor de 10000 crores, o que pode ser parcialmente evitado pela utilização do bambu como substituto da madeira comercial. A Comissão de Planeamento do Governo da Índia previu 6,0 milhões de plantações de bambu durante o 10.º e 11.º planos quinquenais para satisfazer a procura crescente, o desenvolvimento dos recursos biológicos do bambu e a redução da pobreza (Anonymous, 2003).

II. REVISÃO DA LITERATURA

O ecossistema florestal do bambu é uma parte importante do ecossistema florestal e uma importante fonte e sumidouro de carbono na Terra (Li et al., 2003). Para satisfazer a procura interna, o bambu é extraído principalmente da floresta, o que está a esgotar gradualmente a floresta de bambu. Os efeitos adversos das consequências ecológicas e ambientais limitam-se às alterações climáticas e ao aquecimento global.

Na Índia, a produtividade das florestas de bambu é muito inferior (0,3 ton/ha/ano) ao seu potencial (Tewari, 1992). Do mesmo modo, a produtividade da plantação de bambu é baixa e varia consoante a espécie (3,2-10,0 toneladas/ha/ano), o que é muito inferior ao seu potencial (20-40 toneladas/ha/ano). Na China, a produtividade da plantação de bambu e dos rebentos de bambu atingiu 37 toneladas/ha/ano e 15 toneladas/ha/ano, respetivamente. Este facto é atribuído principalmente à seleção das espécies certas, à utilização de material de plantação de alta qualidade, à adequação do genótipo à qualidade do local e a uma gestão adequada. Os Estados do Nordeste são ricos em recursos biológicos de bambu e representam cerca de 66% do stock de bambu em crescimento no país (Rai e Chauhan, 1999).

A propagação convencional de bambus é efectuada principalmente através de rizomas, rebentos, estacas de caules e sementes. A propagação do bambu através de sementes é o método mais conveniente, porque uma única semente dará origem a uma touceira inteira. No entanto, devido à floração longa e imprevisível e à variação da descendência baseada em sementes, a qualidade do material de plantação é duvidosa. Embora a propagação vegetativa esteja disponível para algumas espécies, apenas um número limitado de plantas pode ser cultivado através deste método, o que é inadequado para satisfazer a procura crescente devido à escassez de propágulos.

A maioria das técnicas clássicas de propagação vegetativa exige infra-estruturas de baixo custo, mas são úteis para a produção em pequena escala de material de plantação clonal (Nautiyal *et al.,* 2008). Para a propagação em grande escala (>5,00,000 plantas/ano), as técnicas clássicas são largamente insuficientes e ineficientes e a cultura de tecidos é o único método fiável (Gielis *et al.,* 2002).

A diversidade genética entre e dentro das espécies de bambu permite a seleção das espécies e dos melhores genótipos para cultivo comercial. A silvicultura clonal baseada em um ou mais genótipos selecionados de elite propagados através da propagação clonal permite um melhoramento genético considerável em comparação com as populações naturais (Gielis *et al.,* 2002). A manutenção de uma base genética alargada permite reduzir os riscos e melhorar as possibilidades de melhoramento futuro (Gielis e Oprins, 1998).

No caso do bambu, são utilizadas diferentes técnicas de propagação, tais como a propagação com base em sementes , estacas offset, rizomas e estacas de caules. Mas estas técnicas apresentam sérios inconvenientes para a propagação em grande escala. Na Índia, a macropropagação do bambu faz-se por meio de estacas compensadas, divisão do rizoma, estratificação por camadas de ar, corte de caules e corte de ramos. Para a propagação em grande escala, as técnicas clássicas acima referidas são largamente insuficientes e ineficazes

Uma abordagem integrada da biotecnologia tem desempenhado um papel fundamental na resolução dos inconvenientes acima referidos através da cultura de tecidos ou do método de micropropagação para o desenvolvimento rápido e o programa de melhoramento de espécies florestais (Thorpe *et al.,* 1992). É o único método fiável. A propagação baseada na cultura de tecidos através da proliferação de rebentos axilares e da embriogénese somática tem aplicação potencial para a produção em massa e o melhoramento.

A micropropagação tem vantagens sobre os métodos tradicionais, como a necessidade de menor quantidade de material de origem, tempo, espaço, não influência do ambiente externo, alto nível de rejuvenescimento e alto potencial de produção de material de plantio geneticamente uniforme e superior. A clonagem *in vitro* permite a rápida aceleração dos programas de melhoramento e a rápida exploração dos ganhos genéticos (Han *et al.*, 1997). A plantação de clones genotípicos e fenotípicos em vez de plântulas aumenta a produtividade florestal em termos de material de plantação superior.

Entre as técnicas de micropropagação, a proliferação de rebentos axilares tornou-se o método mais preferido (Pierik, 1987). Este método é vantajoso, porque é simples e a taxa de propagação é relativamente alta (Pierik, 1991).

A maioria dos estudos sobre a micropropagação de espécies de bambu baseia-se em explantes de plântulas, através da proliferação de rebentos axilares (Rao *et al.*, 1990; Saxena, 1990; Chambers *et al.*, 1991; Sood *et al.*, 1992; Rout e Das, 1994; Woods *et al.*, 1995 e Arya *et al*,

1999). O conhecimento insuficiente ou inexistente do património genético das sementes é uma das principais desvantagens da utilização de material de plântulas como explante.

A propagação *in vitro* de bambu através da proliferação de rebentos axilares a partir de explantes nodais de tufos maduros foi registada em *Dendrocalamus strictus* (Chaturvedi *et al*, 1993), *Bambusa edulis* (Lin e

Chang, 1998), *Pseudoxytenanthera stocksii* (Sanjaya *et al.*, 2005), *Bambusa vulgaris* (Ramanayake *et al.*, 2006), *Guadua angustifolia* (Jimenez *et al.*, 2006), *Bambusa glaucescens* (Shirin e Rana, 2007). Tecnicamente, a propagação de plantas adultas através da proliferação de rebentos axilares é muito mais difícil do que o material de plântulas em bambus tropicais. A contaminação endógena, a hiper-hidricidade e a instabilidade da taxa de multiplicação, o fraco rejuvenescimento na fase inicial e a baixa taxa de enraizamento são os principais problemas associados à clonagem *in vitro* de bambus adultos (Gielis *et al.*, 2002).

A embriogénese somática é um modo alternativo de regeneração para a propagação de bambu em grande escala. Foi relatado que os calos embriogénicos mantêm a sua competência de regeneração durante muito tempo e dão origem a plântulas geneticamente uniformes (Vasil e Vasil, 1994). Muitos trabalhadores têm enfatizado a embriogénese somática como um método preferido para a produção rápida *in vitro* de plantas através de sementes e plântulas como fonte de explantes.

O êxito final da micropropagação depende da capacidade de transferir plantas da cultura em grande escala, a baixo custo e com elevadas taxas de sobrevivência. As condições da cultura de tecidos, para além de promoverem o crescimento rápido e a multiplicação de rebentos, resultam na formação de plantas estrutural e fisiologicamente anormais. O modo heterotrófico de nutrição e o mecanismo deficiente de controlo da perda de água tornam as plantas micropropagadas vulneráveis ao choque de transplantação. Consequentemente, a fase de endurecimento continua a ser um grande obstáculo na micropropagação de muitas plantas (Conner e Thomas, 1981; Ziv, 1986)

O *Dendrocalamus brandisii* Kurz, vulgarmente conhecido por "bambu da Birmânia", é uma das espécies de crescimento rápido mais importantes, a seguir ao *D. giganteus,* que é originário da Birmânia e se encontra também no Nordeste da Índia. Foi introduzida pela primeira vez em Coorg, no Karnataka, por volta de 1915, e desde então tem-se desenvolvido nessa região. Existe uma grande procura de material de plantação de qualidade. Tradicionalmente, é propagada por estacas, o que é incómodo e útil para a produção de pequenas quantidades de plantas.

D. brandisii é um bambu simpodial de tufos frouxos. Caule ereto com a ponta pendente, atingindo até 34 m de altura, 15-20 cm de diâmetro, parede de 2,5-4 cm de espessura, cinzento-acinzentado ou cinzento-esverdeado a verde opaco, entrenós de 30-60 cm de comprimento, nós ligeiramente inchados, com raízes aéreas na metade inferior do caule. Lâmina da folha oblongo-lanceolada, peluda por baixo. Inflorescência enorme, panícula com muitas espiguetas nos nós. A floração é gregária e esporádica. O seu ciclo de floração é de 45-50 anos (Tewari, 1992; Seethalakshmi *et al.*, 1998). É um dos bambus comestíveis, como o *D. asper*, e o maior bambu, como o *D. giganteus*. Cresce em florestas tropicais húmidas sempre verdes, até 1300 m de altitude (Dransfield e Widjaja, 1995).

Dendrocalamus brandisii é uma planta versátil com enorme importância eco-sociológica. Por conseguinte, para produzir material de plantação de qualidade em grandes volumes, foi tentada a micropropagação utilizando segmentos de rebentos nodais de plantas maduras para produção em grande escala. A eficiência do método de propagação é importante e, ao mesmo tempo, a estabilidade genética também é uma preocupação primordial. Assim, o método de proliferação de rebentos axilares é seguro para a produção, com menor risco de aberrações, e a investigação de base permite identificar factores endógenos e exógenos para a rápida indução, multiplicação e enraizamento de rebentos.

III. MATERIAL E MÉTODOS

3.1 **Preparação de explantes:** As plantas-mãe foram colhidas no viveiro de germoplasma de Gottipur, Bangalore, e no Instituto de Ciência e Tecnologia da Madeira, Bangalore, e conservadas na estufa da Dayananda Sagar Institutions, Bangalore.

Foi colhido um segmento nodal de 1,5 a 2 cm de comprimento de uma planta-mãe selecionada, que foi tratado com 5-6 gotas de Tween 80 durante 5 minutos e cuidadosamente lavado com água destilada. Em seguida, foram enxaguados numa solução de bavistina a 0,1-0,2% durante 5-6 minutos para evitar a contaminação por fungos. Os botões foram tratados com álcool a 70% durante 20-30 segundos, seguido de cloreto de mercúrio a 0,75%-0,1% durante 4-5 minutos e, em seguida, lavados com água destilada esterilizada e inoculados em meio nutritivo.

3.2 **Preparação dos meios de cultura:** Foram utilizados produtos químicos de grau analítico obtidos nos laboratórios Himedia e hormonas e vitaminas dos produtos químicos Sigma- Aldrich para preparar soluções de reserva e subsequente preparação de meios. O sal de Murashige e Skoog (1962) com 3% (p/v) de sacarose foi utilizado como meio basal. Depois de adicionar os reguladores de crescimento e os aditivos (ácido ascórbico-25mg/l, ácido cítrico-12,5mg/l, cisteína-12,5mg/l e ácido glutâmico-50mg/l), o pH do meio foi ajustado para

6,2. O meio foi autoclavado a 121°C durante 15-20 minutos.

3.3 **Condições de incubação:** As culturas foram incubadas a 28±2°C numa sala de crescimento com um regime de luz do dia de 16 horas a cerca de 2500lux, fornecido por lâmpadas fluorescentes de dia frio.

3.4 **Subcultura:** Os tufos de rebentos foram transferidos para meios frescos em condições assépticas após duas semanas.

3.5 **Iniciação de rebentos**: Para a indução inicial de rebentos múltiplos, os explantes foram cultivados em meio de Murashige e Skoog suplementado com diferentes concentrações de citocinina em combinação com NAA (0,25mg/l). Para obter uma taxa elevada de iniciação de rebentos múltiplos em *D.brandisii*, foi utilizado TDZ.

3.6 **Multiplicação de rebentos:** A fim de aumentar ainda mais o número de rebentos, os tufos de rebentos foram excisados do explante-mãe e subcultivados em meio MS fresco com a mesma composição.

3.7 **Enraizamento in vitro:** Para o enraizamento, foram utilizados tufos de rebentos (2-3 rebentos) com 3-4 cm de comprimento. As várias auxinas, tais como NAA, IAA, IBA e NOA e a sua concentração a 1,0mg/l num meio MS modificado (i.e., MS½ e MS¾) líquido e em gel de ágar foram testadas para o enraizamento ***in vitro***.

3.8 **Endurecimento das plântulas:** As plantas enraizadas ***in vitro*** foram transplantadas com sucesso para recipientes (sacos de polietileno) com a mistura de enraizamento e colocadas em politúneis/poliglubes dentro da estufa. A humidade relativa foi de 75-80% e a temperatura de 28±2°C durante um período de 2-3 semanas para obter uma elevada taxa de sobrevivência das plantas na fase de endurecimento.

IV. RESULTADOS EXPERIMENTAIS E DISCUSSÃO

4.1 **<u>Iniciação de rebentos:</u>** *D. Brandisii,* em meio MS líquido suplementado com NAA (0.25mg/l) e TDZ (0.25mg/l) demonstrou ser o melhor para a iniciação de rebentos a partir de explantes de gemas nodais em comparação com o meio MS agar. O rácio botão: rebento foi de 1-6 após um período de duas semanas (Quadro 1, Fig. 1). Após um período de três semanas, foram observados 5-6 rebentos alongados/nó (Fig. 2).

Estes resultados estão em contraste com o relatório de Ratan Lal Banik et al., (1993) que tinham observado uma concentração mais elevada de BAP (5mg/l) para a proliferação de rebentos em *D. brandisii.*

Saxena (1990) também referiu que uma concentração mais elevada de BAP ($8X10^{-6}$ M) e Kn ($4X10^{-6}$M) em meio líquido MS era favorável à indução de rebentos múltiplos a partir de plântulas de *B.tulda* cultivadas in vitro com três semanas de idade

Quadro 1: Iniciação de rebentos em meio líquido MS com diferentes concentrações de BAP e TDZ.

Sl. Não	**Media**	**Número total de gomos**	**N.º de rebentos/agregado***
1.	MS+aditivos**	8	0-1
2.	MS+additives+NAA-0.25mg/l+TDZ-0.25mg/l	8	1-6
3.	MS+aditivos+NAA-0,25mg/l+TDZ-0,5mg/l	8	1-3
4.	MS+aditivos+NAA-0,25mg/l+TDZ-1,0mg/l	8	1-3
5.	MS+additives+NAA-0.25+BAP-1.0	8	1
6.	MS+additives+NAA-0.25+BAP-2.5	8	1-3
7.	MS+additives+NAA-0.25+BAP-5.0	8	1-3

***:** Dados registados no período de duas semanas.

****:** Sem hormonas.

Aditivos- Ácido ascórbico-25mg/l, Ácido cítrico-12,5mg/l, Cisteína-12,5mg/l, Ácido glutâmico-50mg/l.

Fig 1: Iniciação de rebentos a partir de segmentos nodais (uma semana após a incubação)

Fig 2: Alongamento de rebentos (após três semanas).

Tabela 2- Iniciação de rebentos em meio MS Agar gelificado com diferentes concentrações de BAP e TDZ.

Sl. Não	**Media**	**Número total de gomos**	**N.º de rebentos/agregado***
1.	MS+aditivos**	8	0-1
2.	MS+aditivos+NAA-0,25 mg/l+BAP-1,0mg/l	8	0-2
3.	MS+aditivos+NAA-0,25 mg/l+BAP-2,5mg/l	8	1-3
4.	MS+aditivos+NAA-0,25mg/l +BAP-5,0mg/l	8	1-3
5.	MS+additives+NAA-0.25mg/l+TDZ-0.25mg/l	8	1-3
6.	MS+aditivos+NAA-0,25mg/l+TDZ-0,5mg/l	8	1-2
7.	MS+aditivos+NAA-0,25mg/l+TDZ-1,0mg/l	8	1-3

*: Dados registados após um período de duas semanas.

**: Sem hormonas.

Aditivos- Ácido ascórbico-25mg/l, Ácido cítrico-12,5mg/l, Cisteína-12,5mg/l, Ácido glutâmico-50mg/l.

2.2 **Multiplicação de rebentos:** A subcultura inicial foi efectuada em meio líquido MS enriquecido com aditivos, NAA (0,25mg/l), TDZ (0,25mg/l) durante 2-3 passagens para aumentar o stock. Uma vez que o TDZ é uma citocinina altamente ativa, a sua utilização posterior induziu pseudo-raízes. Assim, o meio líquido MS com BAP foi considerado adequado para a multiplicação e manutenção de rebentos.

Para analisar o efeito do meio MS em forma líquida e em ágar, foi utilizado BAP em diferentes concentrações. Os resultados experimentais revelaram que o meio MS líquido com NAA(0,25mg/l) +BAP(2,5mg/l) +aditivos **(Quadro 3, Fig. 3)** provou ser o melhor para induzir uma maior multiplicação de rebentos com um crescimento máximo de rebentos, enquanto que o meio gelificado de ágar induziu um menor número de rebentos e um crescimento fraco de rebentos.

Os rebentos *in vitro* foram utilizados em tufos de 2-6 rebentos/tubo para uma melhor multiplicação e formação de tufos e a subcultura foi efectuada num período de 2 semanas em meio fresco. A taxa de multiplicação dos rebentos foi aumentada em 2-3 vezes e o atraso na subcultura levou à deterioração das culturas

Em contraste com os nossos resultados, Mukunthakumar et al.,

(1999), referiram que uma concentração mais elevada de BAP (5mg/l) em meio MS era melhor para a multiplicação de rebentos e a sua manutenção.

Quadro 3: Efeitos do BAP em diferentes concentrações na multiplicação de rebentos em meio líquido MS.

Sl N	**Media**	**N.º de rebentos/agregado**	**N.º de rebentos/agrupamento***
1	MS+aditivos**	5	3
2	MS+aditivos+NAA-0,25 +BAP-0,5	5	5
3	MS+additives+NAA-0.25+BAP-1.0	5	7
4	MS+additives+NAA-0.25+BAP-2.0	5	6
5	MS+additives+NAA-0.25+BAP-2.5	5	10
6	MS+additives+NAA-0.25+BAP-3.5	5	13
7	MS+additives+NAA-0.25+BAP-4.0	5	8
8	MS+additives+NAA-0.25+BAP-4.5	5	12

9	MS+additives+NAA-0.25+BAP-5.0	5	9

***:** Dados registados no período de duas semanas.

****:** Sem hormonas.

Aditivos- Ácido ascórbico-25mg/l, Ácido cítrico-12,5mg/l, Cisteína-12,5mg/l, Ácido glutâmico-50mg/l.

- Concentrações de substâncias de crescimento em mg/l.

Fig 3: Multiplicação de rebentos (após duas semanas).

Tabela 4: Efeitos do BAP em diferentes concentrações na multiplicação de rebentos em meio MS agar gelificado.

Sl N	Media	N.º de rebentos/agregado	N.º de rebentos/agregado*
1	MS+aditivos**	5	3
2	MS+aditivos+NAA-0,25 +BAP-0,5	5	6
3	MS+additives+NAA-0.25+BAP-1.0	5	8
4	MS+additives+NAA-0.25+BAP-2.0	5	10
5	MS+additives+NAA-0.25+BAP-2.5	5	18
6	MS+additives+NAA-0.25+BAP-3.5	5	10
7	MS+additives+NAA-0.25+BAP-4.0	5	13
8	MS+additives+NAA-0.25+BAP-4.5	5	14

9	MS+additives+NAA-0.25+BAP-5.0	5	16

*: Dados registados no período de duas semanas.

**: Sem hormonas.

Aditivos- Ácido ascórbico-25mg/l, Ácido cítrico-12,5mg/l, Cisteína-12,5mg/l, Ácido glutâmico-50mg/l.

- Concentrações de substâncias de crescimento em mg/l.

2.3 **Enraizamento *in vitro*:** O enraizamento é o passo mais crucial, particularmente dos rebentos provenientes de plantas lenhosas maduras, incluindo espécies de bambu. O sucesso do protocolo também depende da frequência do enraizamento. Vários factores, como a fonte de auxinas, a sua concentração e as condições de incubação, têm um papel significativo no enraizamento *in vitro.*

Entre todas as auxinas testadas, o NAA foi considerado o melhor em termos de frequência de enraizamento, número de raízes e comprimento das raízes. Em comparação com os meios MS½ e MS¾, verificou-se que o meio líquido MS½ era adequado para induzir um maior número de raízes do que o meio sólido MS½ **(Quadro 5, Fig. 4)**. No meio com a força MS¾, notou-se o escurecimento dos rebentos.

A formação de torrões de raízes foi significativamente melhor em meio líquido MS½ suplementado com NAA (1mg/l) do que com outras auxinas em *D.brandisii* num período de 4 semanas. Comparativamente, observou-se uma diferença significativa nos diferentes tratamentos com auxinas e verificou-se que o NAA foi o mais eficaz, induzindo 80-90% de enraizamento, seguido do IBA, NOA e IAA.

Ao contrário dos nossos resultados, Arya e Sharma (1998) relataram 80-85% de enraizamento de rebentos *in vitro* de *B.bambos* em meio MS (3,0mg/l).

Prutpongse e Gavinlertvatana (1992) testaram várias auxinas em meio MS, MS½ strength e MS¾ strength e referiram que o meio MS com NAA (1mg/l) se revelou o melhor na maioria das espécies originárias de caules com cerca de 10 anos de idade, o que está de acordo com os nossos resultados.

Quadro 5- Efeito de diferentes auxinas em meio líquido MS½ no enraizamento *in vitro.*

Sl. Não	**Media**	**N.º de raízes/ torrão***	**Comprimento da raiz (cm)***
1	MS½ +aditivos**	1	3.1
2	MS½ +aditivos+NAA-1.0mg/l	5	10.4
3	MS½ +aditivos+IAA-1.0mg/l	2	1.6
4	MS½ +aditivos+IBA-1,0mg/l	3.5	7.2
5	MS½ +aditivos+NOA-1.0mg/l	2	6.8

*: Dados registados após um período de quatro semanas.

**: Sem hormonas.

Aditivos- Ácido ascórbico-25mg/l, Ácido cítrico-12,5mg/l, Cisteína-12,5mg/l, Ácido glutâmico-50mg/l

Fig 4: Enraizamento (após quatro semanas).

Quadro 6- Efeitos de diferentes auxinas em meio gelificado MS½ agar no enraizamento *in vitro.*

Sl. Não	Media	N.º de raízes/ torrão*	Comprimento da raiz (cm)*
1.	MS½ +aditivos**	1	2.4
2.	MS½ +aditivos+NAA-1.0mg/l	4	5.1
3.	MS½ +aditivos+IAA-1.0mg/l	2	1.8
4.	MS½ +aditivos+IBA-1,0mg/l	4	4.2
5.	MS½ +aditivos+NOA-1.0mg/l	1	3.6

***:** Dados registados após um período de quatro semanas.

****:** Sem hormonas.

Aditivos- Ácido ascórbico-25mg/l, Ácido cítrico-12,5mg/l, Cisteína-12,5mg/l, Ácido glutâmico-50mg/l

2.4 **Endurecimento de plântulas:** Os rebentos enraizados em condições *in vitro* são parcialmente autótrofos, com fraco desenvolvimento de cera epicuticular e fraca regulação de estomas. Por conseguinte, o endurecimento gradual é essencial para uma elevada taxa de sobrevivência.

As plântulas foram transferidas diretamente do meio de enraizamento para mistura de enraizamento/envasamento. A mistura de enraizamento desempenha um papel crucial, fornecendo apoio físico, retenção de humidade, drenagem e bom arejamento às plântulas enraizadas *in vitro*. Após 3-4 semanas **(Fig. 5)**, as plântulas foram colocadas no exterior do politúnel e regadas todos os dias. Os rebentos enraizados in vitro de *D.brandisii* produzidos através da proliferação de rebentos nodais foram endurecidos durante dois meses, o que resultou numa taxa de sobrevivência de 80-90%.

Chaturvedi et al., (1993) também registaram uma taxa de sucesso de 80% em plântulas micropropagadas originadas através de segmentos nodais do caule de *D.strictus* utilizando a mistura de vasos.

Fig 5: Plântulas endurecidas com um mês de idade.

V.CONCLUSÕES

Em conclusão, este estudo demonstra claramente uma multiplicação de alta frequência e um melhor enraizamento em D.brandisii. Estas caraterísticas são necessárias para aumentar a produção de plantas idênticas ao tipo para a multiplicação em grande escala desta espécie. O método de cultura de tecidos permite a produção de um grande número de plântulas idênticas à planta-mãe, é menos intensivo em termos de mão de obra e mais barato, uma vez que os protocolos foram padronizados e, por conseguinte, oferece vantagens distintas em relação aos métodos convencionais de multiplicação de diferentes espécies de clones de bambu de elite.

VI. AGRADECIMENTOS

O autor agradece à National Mission on Bamboo Application (NMBA), Departamento de Ciência e Tecnologia (DST), Nova Deli, por fornecer assistência financeira para este projeto.

Agradeço ao Dr. S. Kiran a sua valiosa sugestão e apoio ao longo de todo o projeto.

VII. REFERÊNCIAS

1. Adaresh Kumar, 1991. Produção em massa de material de plantação de Dendrocalamus strictus através de macroproliferação - Uma tecnologia. Indian Forester 117: 1046- 1052

2. Agnihotri, R. K. e Nandi, S. K. 2009. Corte de rebentos in vitro: um método de multiplicação e enraizamento de alta frequência no bambu Dendrocalamus hamiltonii. Biotecnologia 8(2): 259263.

3. Anónimo. 2003. National mission on bamboo technology and trade development. Publicado pela Comissão de Planeamento, Governo da Índia, Nova Deli, 176 pp.

4. Anónimo. 2005. Training Manual- Cultivating Bamboo, publicado pela National Mission on Bamboo Application. 73 pp.

5. Arshad, S. M., Kumar, A. e Bhatnagar, S. K. 2005. Micropropagação de Bambusa wamin através da proliferação de rebentos de explantes nodais maduros. Journal of Biological Research 3: 59-66.

6. Arya, S. e Sharma, S. 1998. Tecnologia de micropropagação de Bambusa bambos através da proliferação de rebentos. Indian Forester 124: 725-731.

7. Arya, S., Sharma, S., Kaur, R. e Arya, I.D., 1999, Micropropagação de *Dendrocalamus asper* por proliferação de rebentos utilizando

sementes de . Plant Cell Rep;18:879-882.

8. Arya, S., Kanth, A., Sharma, D. e Arya, I. D. 2008a. Micropropagação de dois bambus economicamente importantes: Drepanostachyum falcatum (Nees) KENG e Bambusa balcooa Roxb. Indian Forester 134 (9): 1211-1221.

9. Bag, N., Chandra, S., Palani, L. M. S. e Nandi, S. K. 2000. Micropropagação de Devringal (Thamnocalamus spathiflorus (Trin) Munro) - um bambu de clima temperado e comparação entre plantas propagadas in vitro e plântulas. Plant Science 156: 125135.

10. Banik, R. L. 1994. Review of conventional propagation research in bamboo and future strategy. INBAR Technical Report No.5 - constraints to production of bamboo and rattan, INBAR, New Delhi, pp. 115-142.

11. Bennet, S. S. R. e Gaur, R. C. 1990. Thirty seven bamboos growing in India, Forest Research Institute, Dehra Dun, pp. 48.

12. Chambers, S.M., Heuch, J.H.R. and Pirrie, A.,1991, Micropropagation and *in vitro* flowering of the bamboo- *Dendrocalamus hamilitonii Munro. Plant Cell Tissue and Organ Cult*; **27**:45-49.

13. Chaturvedi, H.C., Sharma, M. e Sharma, A.K., 1993, Regeneração *in vitro* de *Dendrocalamus strictus* Nees através do segmento nodal

retirado de caules cultivados no campo. *Plant Sci*; **91**:97-101.

14. Conner, A. J. e Thomas, M. B. 1981. Reestabelecimento de plântulas a partir de cultura de tecidos - Uma revisão. Actas da Sociedade Internacional de Propagação de Plantas 31: 342-357.

15. Devi, W. S. e Sharma, G. J. 2009. Propagação in vitro de Arundinaria callosa Munro- um bambu comestível a partir de explantes nodais de plantas maduras. The open plant science journal 3: 35-39.

16. Dransfield, S. e Widjaja, E. A. 1995. Plant Resources of Southeast Asia PROSEA no: 7 Bamboos. Backhuys Publishers, Leiden, Holanda.

17. Geilis, J. e Oprins, J., 1998, O papel estratégico da biotecnologia na produção em massa de bambus lenhosos. In: *Sustainable agriculture for food, energy and industry*, El Bassam, N., Bhel, R.K., and Prochnow, B. (eds.), *James and James*, London. pp.165-171.

18. Gielis, J. 1995. O bambu e a biotecnologia. Jornal da Sociedade Europeia do Bambu: 27-39.

19. Gielis, J., Peeters, H., Gillis, J. e Debergh, P. C. 2002. Estratégias de cultura de tecidos para o melhoramento genético do bambu. In: Procedimentos do vigésimo Simpósio Internacional. Eucarpia symposium, section ornamentals - "Strategies for new ornamentals", Van Huylebroeck, J., Van Bockstaele, E. e Deberg, P. (eds.). Ata

Horticulture 552: 195-203.

20. Godbole, S., Sood, A., Thakur, R., Sharma, M. e Ahuja, P. S. 2002. Embriogénese somática e sua conversão em plântulas num bambu multiusos, Dendrocalamus hamiltonii. Nees. Et. Arn. Ex. Munro. Current Science 83(7): 885- 889.

21. Han, K., Shin, D. e Keathley, D. E. 1997. Respostas da cultura de tecidos de explantes retirados de fontes de ramos com diferentes graus de juvenilidade em árvores maduras de alfarroba negra (Robinia pseudoacacia). Tree Physiology 17: 671-675.

22. Jimenez, V. M., Jhamna, C., Elena, T., Eric, G. e Mayra, M. 2006. Propagação in vitro do bambu gigante neotropical, Guadua angustifolia Kunth, através da proliferação de rebentos axilares. Plant Cell, Tissue and Organ Culture 86: 389-395.

23. Kabade, U. A. 2009. Estudos sobre o aperfeiçoamento de protocolos para a propagação clonal rápida e massiva in vitro, avaliação da fidelidade genética e desempenho de crescimento de espécies de bambu - Bambusa bambos (L.) Voss e Dendrocalamus strictus (Roxb.) Nees. Tese de doutoramento, Instituto de Investigação Florestal da Universidade, Dehra dun.

24. Li, Z., Fu, M. e Xu, D. 2003. Bamboo ecosystem and carbon dioxide

Sequestration. Journal of Bamboo Research 22(4): 1-6.

25. Lin, C. S. e Chang, W. C. 1998. Micropropagação de Bambusa edulis através de explantes nodais de caules cultivados no campo e floração de plântulas regeneradas. Plant Cell Reports 17: 617-620.

26. Mukunthakumar S., Jaideep Mathur, P.K.K., Nair e S.N., Mathur, 1999, Micropropagação de *Dendrocalamus brandisii kurz* usando explantes nodais *in vivo*. *Indian Forester*; **(125)12**:1239-1243.

27. Murashige, T. e Skoog, F., 1962, A revised medium for rapid growth and bioassay with tobacco tissue cultures. *Physiol Plant*; **15**:473-497.

28. Nadgauda, R. S., Parasharami V. A. e Mascarenhas, A. F. 1990. Floração precoce e comportamento de plântulas em bambus de cultura de tecidos. Nature 344: 335-336.

29. Nadgir, A. L., Phadke, C. H., Gupta, P. K. e Parasharami, V. A. 1984. Multiplicação rápida de bambu por cultura de tecidos. Silva Genetica 33: 219-223.

30. Nautiyal, S., Negi, S. S., Biswas, S. e Rathore, R. K. 2008. Técnicas de propagação de bambu económicas e fáceis de utilizar pelos agricultores. In: Procedimentos da Conferência Internacional sobre a melhoria da produtividade e da comercialização do bambu para uma subsistência sustentável, 15 a 17 de abril de 2008, Nova Deli, pp 253-

271, publicada pelo Centro de Tecnologia da Cana e do Bambu , Guwahati.

31. Pierik, R. L. M. 1987. In vitro culture of higher plants. Martinus Nijhoff publishers, Dordrecht, Países Baixos, 344 pp.

32. Pierik, R. L. M. 1991. Micropropagação de plantas ornamentais. Ata Horticulture 289: 45-53.

33. Prutpongse, P. e Gavinlertvatana, P., 1992, Micropropagação *in vitro* de 54 espécies de 15 géneros de bambu. *Hort.Sci*; **27(5)**:453-454.

34. Rai, S. N. e Chauhan, K. V. S. 1999. Distribution and growing stock of bamboos in India. Indian Forster 124(2): 8998.

35. Ramanayake, S. M. S. D. e Yakandawala, K. 1997. Micropropagação do bambu gigante (Dendrocalamus giganteus Munro) a partir de explantes nodais de caules cultivados no campo. Ciência das Plantas 129:213-223.

36. Ramanayake, S. M. S. D., Meemaduma, V. N. e Weerawardene, T. E. 2006. Proliferação de rebentos in vitro e melhoramento do enraizamento para propagação em grande escala de bambu amarelo (Bambusa vulgaris 'striata'). Scientia Horticulturae 110: 109- 113.

37. Rao, I. U., Rao, I. V. R., Narang, V., Jerath, R. e Pillai, K. G. 1990. Propagação em massa de bambu a partir de embriões somáticos e sua

transferência bem sucedida para a floresta. In: Procedimentos do Workshop Internacional sobre o Bambu, Investigação atual sobre o bambu, pp 167-172, KFRI, Peechi.

38. Ratan Lal Banik, S.A.M., Nurul Islam e Syed Hadiuzzaman. Regeneração *in vitro* de rebentos múltiplos em três espécies de bambu. *Plant Cell Tissue and Organ Cult.* 1993; **3(2)**: 101-106.

39. Rout, G. R. e Das, P. 1994. Embriogénese somática e floração in vitro de três espécies de bambu. Plant Cell Reports 13: 683- 686.

40. Sanjaya, Rathore, T. S. e Ravi Shankar Rai, V. 2005 Micropropagação de Pseudoxytenanthera stocksii Munro. In Vitro Cellular and Developmental Biology- Plant 41: 333-337.

41. Saxena, S., 1990, *Propagação in vitro* do bambu (*Bambusa tulda Roxb.*) através da proliferação de rebentos. *Plant Cell Rep*; **9**:431434.

42. Seethalakshmi, K. K., Muktesh Kumar, M. S., Sankara Pillai, K. e Sarojam, N. 1998. Bamboo of India - a compendium. Bamboo Information Centre-India, INBAR, Relatório Técnico nº 17.

43. Sharma, Y. M. L. 1982. Some aspects of bamboos in Asia and the Pacific. Organização das Nações Unidas para a Alimentação e a Agricultura (FAO), Banguecoque, Tailândia.

44. Shirin, F. e Rana, P. K. 2007. Regeneração in vitro de plântulas a

partir de explantes nodais de caules cultivados no campo em Bambusa glaucescens Wild. Relatórios de Biotecnologia Vegetal 1: 141-147.

45. Somashekar, P. V., Rathore, T. S. e Shashidhar, K. S. 2008. Método rápido e simplificado de micropropagação de Pseudoxytenanthera stocksii. 165-182. In: Forest Biotechnology in India, Ansari, S. A., Narayanan, C. e Mandal, A. K. (eds.), Satish serial publishing house, Delhi.

46. Sood, A., Sharma, O. P. e Palni, L. M. S. 1992. Métodos melhorados de propagação do bambu maggar (Dendrocalamus hamiltonii Nees et Arn. Ex Munro) utilizando um único nó retirado do caule juvenil de plântulas de elite. Journal of American Bamboo Society 9:17-24.

47. Sood, A., Ahuja, P. S., Sharma, M., Sharma, O. P. e Godbole, S. 2002. Protocolos in vitro e desempenho no campo de elites de um importante bambu Dendrocalamus hemiltonii Nees. Et Arn. Ex. Munro. Plant Cell Tissue and Organ Culture 71: 55- 63.

48. Tewari, D. N. 1992. Uma monografia sobre o bambu. Publicado por International Book Distributors, Dehra Dun, pp 498.

49. Thorpe, T. A, Harry, I. S. e Kumar, P. P. 1992. Aplicação da micropropagação na silvicultura. 311-335. In: Micropropagation, Deberg, P. C. e Zimmerman, R. H. (eds.), Kluwer Academic Publisher.

50. Varmah, J. C. e Bahadur, K. N. 1980. Country Report and Status of Research on Bamboos in India. Indian Forest Records (nova série) 6(1): 1- 28

51. Vasil, I. K. e Vasil, V. 1994. Cultura in vitro de cereais e gramíneas. 293- 312. In: Plant Cell and Tissue Culture. Vasil e Thorpe (eds.). Kluwer Academic Publisher, Dordrecht.

52. Watanabe, M. e Hamada, H. 1981. Quanto tempo dura o intervalo de floração do bambu? In: Higuchi, T. (eds.) Bamboo Production and Utilization, IUFRO: 77-83.

53. Woods, S.H., Woods, J.E. e Collins, G.B., 1995, *Somatic embryogenesis in bamboo.* In: Somatic embryogenesis in woody plants, Jain, S.M., Gupta, P.K. and Newton, R.J. (eds), Kluwer Academic Publishers, pp 41-52.

54. Ziv, M. 1986. Endurecimento e aclimatação de plantas cultivadas em tecidos. 187-196. In: Plant tissue culture and its agricultural applications. Withers, L. A. e Alderson, P. G. (eds.) Butterworths, Londres.

MIX
Papier aus verantwortungsvollen Quellen
Paper from responsible sources
FSC® C105338

Printed by Books on Demand GmbH, Norderstedt / Germany